U0196071

图书在版编目（CIP）数据

恐龙梦时代 / 何鑫著 . -- 上海：少年儿童出版社，
2024. 11. --（多样的生命世界）. -- ISBN 978-7-5589-
1989-3

Ⅰ . Q915.864-49

中国国家版本馆 CIP 数据核字第 2024R51Y88 号

多样的生命世界 · 萌动自然系列 ⑧

恐龙梦时代

何 鑫 著

萌伢图文设计工作室 装帧设计

黄 静 封面设计

策划 王霞梅 谢瑛华

责任编辑 陆伟芳 美术编辑 施喆菁

责任校对 黄 岚 技术编辑 陈钦春

出版发行 上海少年儿童出版社有限公司

地址 上海市闵行区号景路 159 弄 B 座 5-6 层 邮编 201101

印刷 上海雅昌艺术印刷有限公司

开本 787×1092 1/16 印张 2.5 字数 9 千字

2025 年 1 月第 1 版 2025 年 1 月第 1 次印刷

ISBN 978-7-5589-1989-3/N·1312

定价 42.00 元

本书出版后 3 年内赠送数字资源服务

上海市科委科普项目资助
〔项目编号：23DZ2302700〕

多样的生命世界 ○ 萌动自然系列 ⑧

恐龙梦时代

○ 何 鑫 / 著

> 我是动动蛙，欢迎你来到"多样的生命世界"。现在，就跟着我一起去探索恐龙的时代吧！

密码：dydsmsj#6KLdream

少年儿童出版社

谜一般的恐龙

　　在地球漫长的生命演化长河里，恐龙绝对是一类最令人震撼、最具有代表性的物种。人们提到"恐龙"，第一感觉往往是"巨大""宏伟""壮观"，同时，也一定对它们的"灭绝"话题感兴趣。恐龙给人类留下了无尽的遐想和未解之谜。

蜥臀和鸟臀

恐龙是一大类在地球上真实存在过，并曾经兴旺发达、种类繁多的生物，隶属于爬行动物大家族，具体是蜥形纲恐龙总目的统称。它又分为蜥臀目和鸟臀目，也被称为蜥臀类和鸟臀类。人们所熟知的霸王龙等肉食性恐龙以及像梁龙、雷龙这样巨大的蜥脚类恐龙属于蜥臀目，而另一些植食性恐龙，例如各种剑龙、甲龙、角龙、鸭嘴龙等，都属于鸟臀目。

漫长历史

迄今为止，人类已经发现并命名了上千种不同的恐龙，但和曾经生存过的恐龙种类相比，可能还只是沧海一粟。因为恐龙家族在地球陆地上占据统治地位的时间超过 1.6 亿年。与之相比，人类家族即使把最初的古猿成员算在内，也只生存了接近 1000 万年而已。

地球主宰

科学家们推断地球的历史已有 46 亿年。但直到距今 5 亿多年前，地球上所有的生命都还是在海洋中生活的单细胞生物，直到著名的寒武纪生命大爆发之后，地球上的生命才真正迎来了繁荣的多细胞大型生物时代。而这 5 亿多年的历史中，恐龙统治的时间接近 30%。可见，在地球生命演化的历史上，恐龙是当之无愧、最为耀眼的明星！

你知道恐龙的英文怎么说吗？

发现恐龙

无论是中文名称"恐龙"，还是英文名称Dinosaur，都早已广为人知。可是人类真正认识恐龙的时间并不久远。在人类的文明史中，很早就有发现巨大动物骨骼遗骸的传说和实证。例如中国古代传统中医所使用的"龙骨"，其中有些可能就是恐龙的化石。但限于认知水平，当时的人们只能将它们想象为已经消失的神话动物。

动动蛙笔记

博物学的基础

　　人类真正开始对恐龙形成相对科学的认知，大约是在19世纪的英国。当时英国正享受着工业革命带来的欣欣向荣，整个社会也将推动文明前进的科学奉为时尚。地质学、地理学、生物学以及古生物学等都在不同程度上从原先广博的博物学中应运而生。

禽龙的牙齿

　　1822年，英国医生吉迪恩·曼特尔和妻子在乡村行医途中，偶然发现了一块古生物牙齿化石。三年后，曼特尔将它命名为Iguanodon，意思是"鬣蜥的牙齿"，译成中文就是"禽龙"。这是人类认知恐龙最早的案例之一。

恐龙之名

在 200 多年前，即使发现了恐龙化石，研究者也并不清楚它们是哪种古生物，更难以给它们一个恰当的命名。例如，1822 年曼特尔发现了禽龙化石，由于并不知道这是什么动物，他花了很多时间考察、比较，并向法国最权威的古生物学家乔治·居维叶等人求证，但仍没有得到让人满意的答复。

巨齿龙

　　早在 1815 年，英国的一个采石场就有巨大的骨头化石出土。当时在牛津大学任教的威廉·巴克兰注意到这些化石，并接受了居维叶的观点——这些骨头属于一种巨大的、类似蜥蜴的动物。1824 年，巴克兰根据这种动物的右下颚骨骼，将其命名为 Megalosaurus，意思是"巨大的蜥蜴"，中文名称即斑龙，也常称为巨齿龙。

恐怖的 "大蜥蜴"

Dinosaur

　　斑龙比禽龙更早被命名，但即便如此，它们该归于哪一类动物呢？直到 1842 年，英国古生物学家理查德·欧文根据当时已经被发现并经过研究的禽龙、斑龙和林龙三个案例，采用古希腊文 "deinos" 和 "sauros"，创造了 "Dinosauria" 这个词，英文为 Dinosaur，其中 "dino" 有 "恐怖巨大" 之意，"saur" 则指的是 "蜥蜴一类的动物"。

动动蛙笔记 ▶ 从恐竜到恐龙

　　19 世纪末，Dinosaur 首先被日本学者翻译为"恐竜"。"竜"是汉字"龍"的异体字。20 世纪初，中国学者采纳了日语的译法，但将"竜"字换成了使用度更高的"龍"字，后来又简化为"龙"，从此"恐龙"一词日渐被大众所熟知。

不识恐龙真面目

人类在200多年前初识恐龙这种远古生物，但对它们的了解还很肤浅，有关恐龙的证据只是一些零散的骨骼化石，要想揭开恐龙的真面目还为时尚早。最早被命名的禽龙，唯一的参考仅仅是牙齿化石与鬣蜥牙齿相似，所以只能把禽龙想象成一个巨大的远古鬣蜥类动物的形象。

哇，这就是恐龙的牙齿吗？

禽龙的"犄角"

到了 1834 年，首次发现禽龙化石的曼特尔获得了一个新挖掘出的禽龙化石标本，它包含了部分脊椎和四肢骨，这使曼特尔有机会尝试复原禽龙的外貌。曼特尔为禽龙绘制了一幅复原图，这只禽龙除了依靠四肢行走外，鼻子上还有一个短短的犄角。根据后来的研究证明，这个"犄角"其实是禽龙呈爪状的大拇指第一节骨头。

这些恐龙和现在的样子大不一样哦！来玩玩拼图吧！

水晶宫里的"恐龙"

到了 1849 年，曼特尔已经认识到禽龙应该比原先想象的要轻盈许多，而且具有挺长的前肢。但创造了恐龙（Dinosaur）一词的欧文依旧坚持禽龙应该是一类长着厚重甲胄皮肤的笨重动物形象。1854 年，在伦敦为世界博览会新建的水晶宫公园里，竖立了多具禽龙、斑龙、棘龙的巨大而粗壮的四足动物雕像，它们正是根据欧文的"权威"意见制作的。近 170 年过去了，这些雕像依然矗立，但和今天我们所了解的这些恐龙的形象相去甚远。

禽龙真相

1878 年，当人们发现了大规模的禽龙化石群，并清晰地观察和研究禽龙的完整骨架后，才意识到禽龙应该是一类双足行走的动物。于是，禽龙又被塑造成直立的步态，它们的尾巴拖曳在地面上，能够充当巨大身体的第三支点。

ALICE B WOODWARD

形象再变迁

很长时间以来，人们一直认为禽龙的形象是"双足直立"。进入 21 世纪后，依靠更为先进的技术分析手段，科学家为禽龙构建了更为准确的身体形态——它们的身体依靠粗壮的尾巴保持平衡，整个身体向前倾斜。在大多数时候，禽龙应该都是依靠四足行走的，只有少数情况下才会站起身来，只依靠后足支撑自己。

　　棘龙的背上有一排高耸的长棘，形似船帆。它是一类巨大的肉食性恐龙，但因为起初没有发掘出腿骨化石，其形象就被研究者想当然地安上了四条大长腿，甚至被想象成可与霸王龙一争胜负的角色。可是近年来，当越来越多棘龙化石被发现并进行深入研究后，棘龙的形象已经变为一个四肢长度近似，更习惯在水中游泳生活的样子，如同一条"大蝾螈"。

看视频，长知识！

11

在三叠纪

人们习惯将恐龙所生活的中生代称为恐龙时代，但其实在中生代伊始的三叠纪之初，恐龙还未出现，当时陆地上的霸主还是自古生代的二叠纪一直延续而来的盘龙目动物。

盘龙类

盘龙类是爬行动物家族的成员，虽然看起来与恐龙有几分相似，但属于合弓纲。它们还有一个俗称，即"似哺乳型爬行动物"，因为它们与后来的一些哺乳动物更为相似。

从二叠纪到三叠纪

在二叠纪时，共同脱胎于爬行动物祖先的合弓纲动物和蜥形纲动物就开始了激烈的生存竞争。在经历了严重的二叠纪大灭绝事件之后，两大类动物的后代在三叠纪继续着你争我夺。

动动蛙笔记 ▶ 三叠纪

三叠纪的时间范围是距今 2.51 亿年前到 2.01 亿年前，延续了大约 5000 万年。"三叠"这个名称，源于中欧地区普遍存在的一种三色岩层，白色的石灰岩、黑色的页岩以及其间的红色岩层。

没有水喝好可怜呀！

蜥形纲的胜利

三叠纪时期，地球上只有一块大陆，大量的陆地远离海洋，内陆水体的面积也大大减小，很多地方都是沙漠景观，整体气候十分干旱。在越来越严峻的地理和气候条件下，到了三叠纪中期，合弓纲动物中的兽孔目动物逐渐衰落，更能忍受缺水生活的蜥形纲动物逐渐兴起，反超了合弓纲动物，在"龙兽争霸"中胜出。

三叠纪的陆地霸主

三叠纪中晚期，蜥形纲动物真正开始登上陆地霸主的地位。不过首先称王的并不是恐龙，而是恐龙的近亲——伪鳄类。

伪鳄类

如今在地球上仍然存在的鳄类是伪鳄类家族演化出的成员。在三叠纪晚期，伪鳄类成为当时地球上最凶悍的捕食者。例如波斯特鳄，体长可以达到 4 米。而此时，广义恐龙家族中最早的祖先成员体形远小于伪鳄类，例如兔蜥只有 70 厘米长，大一些的西里龙也就 2 米多。但这些还不是真正的恐龙。

看上去就很厉害！

西里龙

兔蜥

波斯特鳄

在南美洲登场

只是一些小个子恐龙！

真正的恐龙在距今约 2.3 亿年前的三叠纪晚期出现，最早出现的是蜥臀目恐龙，它们臀部的腰带骨骼结构与现代的蜥蜴相似，因此而得名。最早的蜥臀目恐龙化石大多在南美洲发现。其中兽脚类恐龙代表是艾雷拉龙和始盗龙等，身长只有 1 米左右。蜥臀目蜥脚类恐龙则有 1.3 米长的滥食龙和 1.5 米长的农神龙。

恐龙家族的另一半——鸟臀目中最早的成员、体长 1 米左右的皮萨诺龙，在略晚一些的 2.2 亿年前出现，地点也是南美洲。

始盗龙

艾雷拉龙

15

这个块头才够大！

板龙

距今 2.1 亿年前，欧洲出现了身长 6 到 10 米、体重约 7 吨的板龙，是三叠纪生存过的最大的陆生动物之一。恐龙体形由小而大的变化，彰显着它们真正统治地球的时代拉开大幕，人们耳熟能详的各种恐龙即将粉墨登场。

萌懂一刻

侏罗纪来临

当三叠纪最终以灭绝事件结束后，侏罗纪来临。"侏罗纪"的名称源自德国、法国、瑞士边界的侏罗山，其岩层时间为距今约 2 亿年前至 1.45 亿年前。与三叠纪相比，侏罗纪最大的特点就是伴随着板块的不断分裂和气候向温暖湿润的转变，海平面不断上升，造成了广泛的海侵，形成了更多的浅海环境，以及更多独立的陆块。

恐龙崛起

到了侏罗纪，三叠纪时期类型繁多的海洋爬行动物大灭绝之后，只剩下蛇颈龙目和少数鱼龙目成员延续，最终，蛇颈龙类成为侏罗纪海洋中的真正霸主。

而在陆地上，曾经十分繁荣的合弓纲动物也基本消失殆尽，仅有最终向哺乳动物演化的一支侥幸残留。曾压制恐龙家族的伪鳄类也彻底战败，只保留了少数类群，它们的后裔——后来的鳄类正是在侏罗纪中期诞生的。

从侏罗纪中期开始，整个地球生命史最强大的类群——恐龙家族很快在陆地上繁荣壮大起来，而且一枝独秀，全无对手。

蛇颈龙

植食性恐龙

在森林逐渐恢复后，首先是蜥臀目恐龙中以植物为食的蜥脚类恐龙开始蓬勃发展。原本还能依靠双足行走的它们，在演化出越来越大的体形后，逐渐变成了只能四足行走的巨大陆地动物。例如生活在侏罗纪中期欧洲的鲸龙。

到了侏罗纪晚期，诞生了梁龙、雷龙、迷惑龙、圆顶龙、腕龙这些著名的大型恐龙，它们还有一个共同特点——原产地都是北美洲。

看视频，开眼界！

马门溪龙

在位于亚洲腹地的中国西南部，如今的四川盆地，也孕育出众多壮观的蜥脚类恐龙，例如大名鼎鼎的马门溪龙，以及和它生活在同一区域的峨嵋龙、蜀龙等。这些巨大的蜥脚类恐龙以繁茂的蕨类、苏铁以及各种针叶树为食。

这俩长得好像呀！

雷龙

梁龙

掠食者

蜥臀目恐龙中的兽脚类恐龙喜好食肉，其中的角鼻龙类首先崛起，鼻尖带角是它们的典型特征。

比角鼻龙类更强的食肉恐龙是坚尾龙类，如棘龙和异特龙，它们都是当时让猎物闻风丧胆的大型掠食恐龙。在中国发现的永川龙和中华盗龙与之相似。

棘龙

异特龙

看上去就够凶猛！

侏罗纪的天空

到了侏罗纪晚期，源自坚尾龙类的虚骨龙类中，首先演化出以美颌龙为代表的一些小型兽脚类恐龙，它们已经悄然完成了重大改变。它们的身体经过独特改造后，前肢披满羽毛，形似翅膀，开始飞上蓝天，演化出鸟翼类，始祖鸟就是其中的代表。不过，它们与现代的鸟类还有诸多不同。

始祖鸟

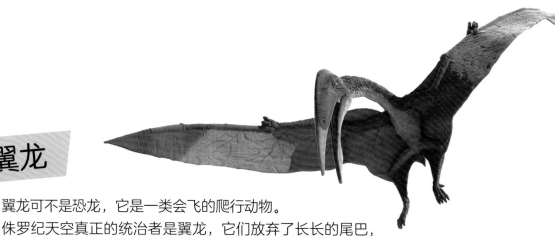

翼龙

翼龙可不是恐龙，它是一类会飞的爬行动物。

侏罗纪天空真正的统治者是翼龙，它们放弃了长长的尾巴，发展出更轻盈的体形，演化出众多种类，飞翔在恐龙世界的上空。

鸟臀目恐龙

侏罗纪时期，鸟臀目恐龙也迎来了真正的繁荣时代。它们的腰带骨骼结构与现代鸟类有几分相似，不同于蜥臀目恐龙。

最具有代表性的鸟臀目恐龙之一是剑龙类，它们在侏罗纪的中晚期演化出许多物种，例如剑龙、沱江龙和华阳龙，前者生存于当时的北美，后二者则是中国侏罗纪恐龙的代表。大多数剑龙类背上的骨板呈尖刺状，这是它们的共同特点。

剑龙

沱江龙

动动蛙笔记

鸟脚类恐龙和角龙家族

不能忽视的还有鸟臀目中的鸟脚类恐龙，它们在侏罗纪中晚期逐渐发展起来，但大多还是小型、二足、快速奔跑的植食性动物，后来才有一些中大型种类。例如我国四川发现的盐都龙。此外，角龙家族最早的成员也在侏罗纪晚期出现了，例如生存于中国辽宁的距今1.5亿年前侏罗纪晚期的朝阳龙。

变化中的白垩纪

敢和恐龙打架，真厉害！

　　距今 1.45 亿年前，中生代迎来了新的时代——白垩纪。这是自古生代寒武纪生命大爆发以来最长的一个纪。

　　"白垩纪"的名称来源于拉丁文"黏土"，指的是白垩纪地层里常见的"白垩"，它是由海洋无脊椎动物外壳中的碳酸钙沉积而成的。与侏罗纪相比，白垩纪时各个大陆已经完全分裂，并被温暖的浅海覆盖，地球的平均气温已经开始下降，在一些高纬度地区甚至出现了降雪。

到了白垩纪，原来海洋中的顶级掠食者鱼龙类和上龙类，先盛后衰，蛇颈龙类则跨越了侏罗纪白垩纪之交。在陆地上，从侏罗纪中期就开始繁荣壮大的恐龙当仁不让地继续占据着陆地所有阶层的生态位，不断上演着你争我夺的好戏。在白垩纪早期，真正的鸟类出现，尽管它们嘴里还长着尖牙利齿，翅膀上还残留着爪子，但已经初具飞行能力，开始挑战天空中的统治者翼龙家族的地位。

帝鳄

超级大鳄

在淡水环境中，伪鳄类家族的后裔真鳄类，演化出体长能达到9至10米的恐鳄、帝鳄这样的巨型成员，与大型的兽脚类恐龙分庭抗礼。

白垩纪舞台的配角

爬兽

白垩纪时期的哺乳动物已经演化出众多成员，并且适应了不同的生境，但它们无力对抗势头正盛的恐龙，只能以小型掠食者的身份存在。现代蜥蜴、蛇类和蛙类的祖先，也在白垩纪时期出现，并最终和一些哺乳动物一起在白垩纪末期的大灭绝中逃过一劫。

装甲威武

　　侏罗纪时期曾经繁盛的剑龙家族已经退出历史舞台，取而代之的是甲龙类，其中最具代表性的是甲龙和结节龙。

　　甲龙家族的成员都是有着粗壮短腿的四足动物，身上有骨鳞片形式的装甲，并散布着不同的尖刺与瘤块，甚至眼睑上也有骨质保护。至于结节龙，创造"恐龙"一词的欧文曾经采用的林龙案例，其中的林龙就是结节龙类。

植食恐龙群

白垩纪时，地球上的植物界随着环境的变化发生着巨变，全新的被子植物与原来的裸子植物共同组成森林，被子植物长出了真正的花朵，花朵与昆虫协同进化，进一步改变了大地的面貌。这也使得植食性恐龙逐渐繁盛起来。鸟脚类恐龙中既有体形较小的棱齿龙类，也有体形较大的腱龙、弯龙和著名的禽龙。它们遍布世界各地，成为植食性恐龙中最具优势的群体。

鸭嘴龙类

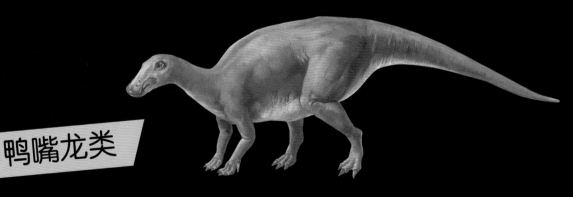

鸭嘴龙类都长着一张又扁又阔的"鸭嘴"，因此而得名。它们是从禽龙类演化而来的。鸭嘴龙已发展出几乎可以与现代哺乳动物中的牛羊等媲美的复杂咀嚼能力，这使得它们一举成为最成功的植食性恐龙类群。在北美洲出现了体长可达 13 米的埃德蒙顿龙，在中国则有体长近 15 米的山东龙，它们都是鸭嘴龙类的代表。

造型奇特的"头盔"

青岛龙

到了白垩纪中晚期，北美洲的大陆上成群游弋的副栉龙、盔龙，俄罗斯远东地区成群的扇冠大天鹅龙，中国东部常见的青岛龙，它们的脑袋顶上都有着不同的奇特造型，形似"头盔"。

这些"头盔"真是五花八门，我也想有一个。

肿头龙

龙王龙

厚头龙类以肿头龙、冥河龙、龙王龙为代表，作为双足行走的植食性恐龙，它们最大的特点是头顶的颅骨加厚呈圆丘状，周围还环绕着骨瘤或尖刺。

头上有尖角

要不比一比，你俩谁厉害？

看视频，长知识！

　　角龙类是另一类在白垩纪脱颖而出的恐龙，它们以尖利的喙状嘴、巨大的颈盾和头部尖角闻名于世，如三角龙、戟龙等。

三角龙

戟龙

　　在白垩纪早期，角龙家族大多是双足直立行走的鹦鹉嘴龙。随着体形变大，它们逐渐演化成四足行走的原角龙。到了白垩纪晚期，依靠着能切碎更坚硬植物的锐利喙状嘴，角龙类不断扩展自己的势力范围，并向亚洲和北美其他区域进军，演化为头部形态极其多样化的大型角龙，成为恐龙世界的一大象征。

25

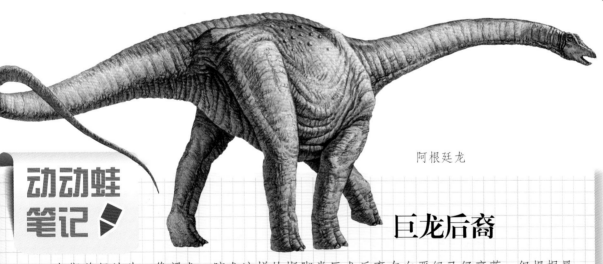

阿根廷龙

动动蛙笔记▶

巨龙后裔

　　人们曾经认为，像梁龙、腕龙这样的蜥脚类巨龙后裔在白垩纪已经衰落，但根据最新发现，进入白垩纪后，泰坦巨龙类继承了巨龙的风采。在白垩纪前期的东亚，体长超过30米的汝阳龙是亚洲已发现的最大的恐龙。在白垩纪晚期的南美洲，有体长接近40米的阿根廷龙，还有体形可能更大的潮汐巨龙——体重可能达到100吨，这或许是地球历史上出现过的最大陆生动物。

更新换代

一些在侏罗纪曾繁盛壮大的肉食恐龙，到了白垩纪大多风光不再，或者纷纷被取代。角鼻龙类中，只有阿贝力龙和食肉牛龙等还在南美洲占据着一席之地。生活在马达加斯加岛的玛君龙等则一直存活到恐龙时代结束。而以棘龙为代表的斑龙类已经衰落，异特龙则被鲨齿龙和南方巨兽龙所取代，它们都身长超过 10 米，分别统治着非洲和南美洲大陆，也是史上最大陆地肉食动物的有力竞争者。

玛君龙

似鸡龙

似鸟龙

虚骨龙类大演化

　　虚骨龙类在白垩纪获得极大的发展。它们主要在北半球演化，共同特点是几乎都长有羽毛。其中白垩纪早期的著名代表——中华龙鸟生存于距今 1.2 亿年前的中国辽宁省西部，当它的化石在 1996 年被发现时，大大地影响了人类对于鸟类起源的认知。

阿贝力龙

中华龙鸟

似鸟非鸟

似鸵龙

　　虚骨龙类中有些类群逐渐放弃食肉而转向食植，例如似鸟龙类中的似鸟龙、似鸵龙、似鸡龙等。它们身长约 3 米、身高约 2 米，嘴里不再有牙齿，靠两条强壮的后肢迅速奔跑，形象与如今的鸵鸟十分相似，从距今 7500 万年前一直生存到白垩纪终结。

　　还有一些巨型种类，例如体长超过 10 米的恐手龙，前肢长度可达 2.4 米，不过它依然是个素食爱好者。

暴龙出世

看视频，
长知识！

　　暴盗龙类是虚骨龙类的一个重要支系，它们成功演化为白垩纪北半球占据统治地位的大型掠食动物。其中最为著名的是生活在6800万年前北美地区的暴龙，人们常常习惯称其为霸王龙。体长13米的它曾经是地球陆地上最强大的食肉动物，并最终见证了恐龙时代的灭亡。在距今7300万年前的中国山东，也有它的亲戚诸城暴龙。

手盗龙的世界

窃蛋龙

虚骨龙类还演化出有"手"一族——手盗龙类，它们的特征为有细长的手臂与手掌，手掌上有三个指头，手腕上的骨头呈现半月形。这类兽脚类恐龙都延续到了白垩纪终结的时刻，分别以窃蛋龙和镰刀龙为代表。

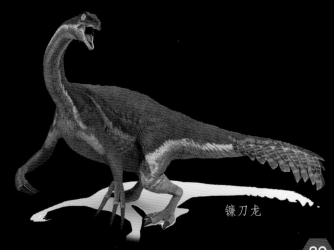

镰刀龙

近鸟类

手盗龙中还有一类近鸟类，顾名思义，它们与鸟类联系紧密。其中的驰龙科包括了一众长有羽毛的"名"龙，如北美洲的恐爪龙、伶盗龙，以及我国辽西所发现的小盗龙、中国鸟龙等。而伤齿龙科的代表伤齿龙，则被认为是最聪明的恐龙。

小盗龙

中国鸟龙

犹他盗龙

落幕前的辉煌

白垩纪晚期，是恐龙时代落幕前最后的辉煌。除了形态各异、遍布各大洲陆地的恐龙，在天空和海洋中也有恐龙在上演着精彩的剧情。

风神翼龙

超级翼龙

在白垩纪时期的天空中，翼龙家族在进行最后的飞翔。为了避免与日趋完善的鸟类竞争，翼龙类不断演化出更多更大的种类，例如无齿翼龙，以及史上最大的飞行动物——翼展可达 12 米以上的哈特兹哥翼龙和风神翼龙。

你知道这些恐龙分别在什么时代吗？

最后的海中王者

在白垩纪海洋里，鸟类中已经演化出黄昏鸟和鱼鸟这样完全适应水生生活的类群。到了白垩纪末期，与今天的蜥蜴和蛇亲缘关系更近的沧龙类在短时间内崛起，在中生代最后的 3000 万年里急速扩张，成为白垩纪最后的一代海中王者。

黄昏鸟

沧龙

末日来临

恐龙时代的末日终于来临。

大约 6600 万年前，一颗直径约 10 千米的小行星撞击了地球，在如今的墨西哥尤卡塔半岛留下了一个巨大的陨石坑。这次撞击直接造成了大火和海啸，并使大量灰尘进入大气层，遮蔽了阳光，导致依赖光合作用的植物大量死亡，进而使整个地球的生态系统崩溃，最终造成了包括陆地上的恐龙、天空中的翼龙、海洋中的蛇颈龙和沧龙在内的大量生物灭绝。史称"白垩纪末期大灭绝事件"。

恐龙大家族

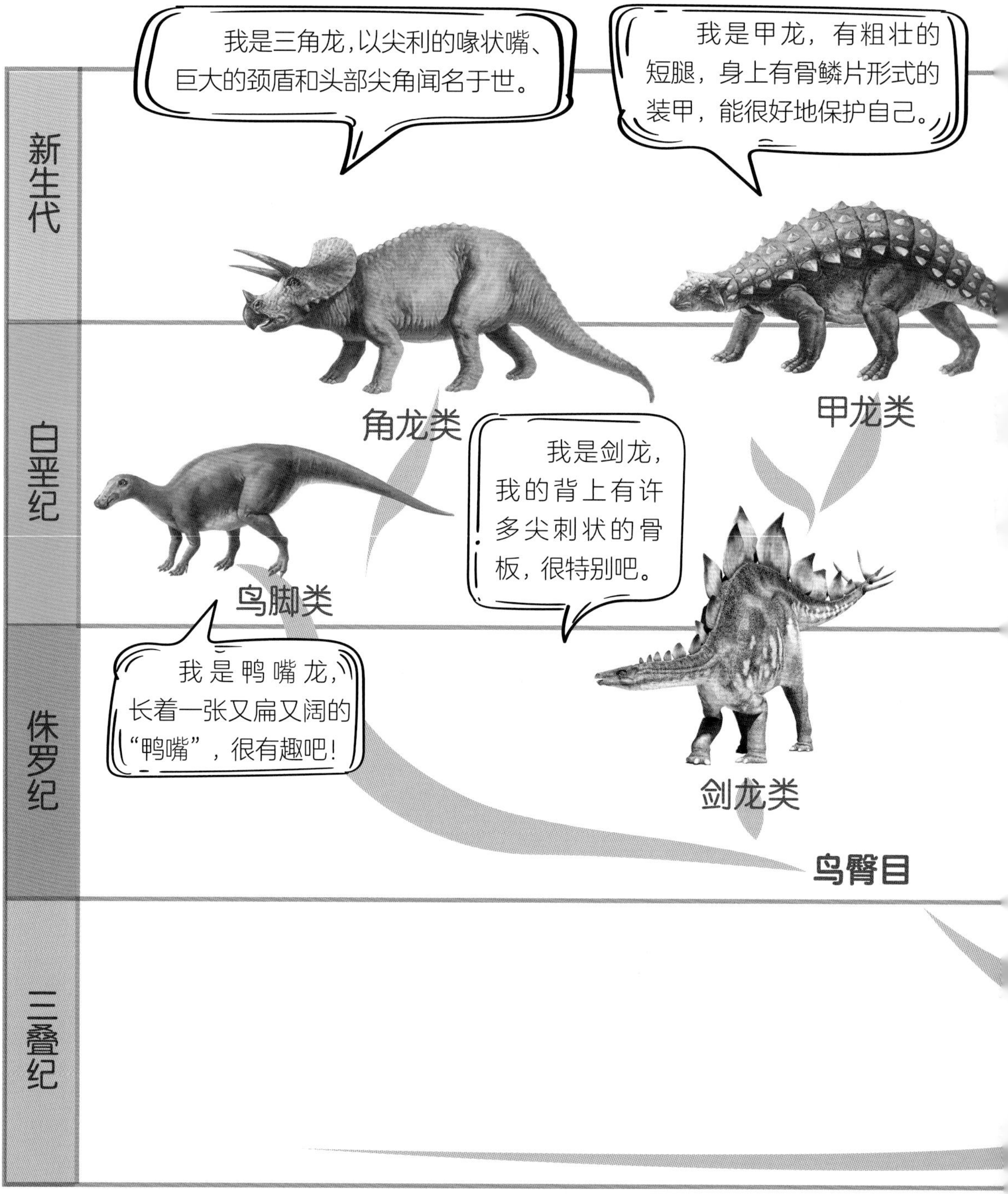

新生代

白垩纪

侏罗纪

三叠纪

32

我是三角龙，以尖利的喙状嘴、巨大的颈盾和头部尖角闻名于世。

我是甲龙，有粗壮的短腿，身上有骨鳞片形式的装甲，能很好地保护自己。

角龙类

甲龙类

我是剑龙，我的背上有许多尖刺状的骨板，很特别吧。

鸟脚类

我是鸭嘴龙，长着一张又扁又阔的"鸭嘴"，很有趣吧！

剑龙类

鸟臀目

恐龙，并不是一个严格的科学名称，而是一大类已经灭绝的化石爬行动物的统称。它们曾经生活在距今约 2.3 亿年前至 6600 万年前，在陆地上采取两肢或四肢行走的方式，少数演化出有羽的翅膀在空中飞行。

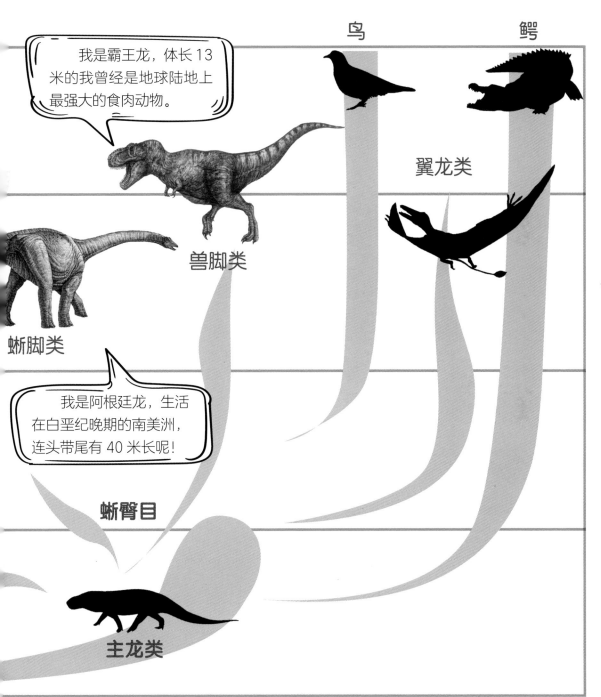

鸟

鳄

我是霸王龙，体长 13 米的我曾经是地球陆地上最强大的食肉动物。

翼龙类

兽脚类

蜥脚类

我是阿根廷龙，生活在白垩纪晚期的南美洲，连头带尾有 40 米长呢！

蜥臀目

主龙类